COMPAGNIE

DES

DEUX RHONES,

ÉTABLISSEMENT D'UN SERVICE

DE

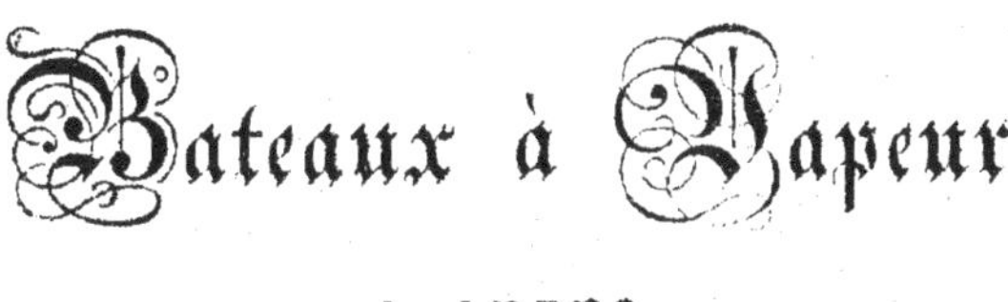

A ARLES.

ARLES.

TYPOGRAPHIE D. GARCIN, PLACE ROYALE.

1841.

COMPAGNIE

DES

DEUX RHONES,

ÉTABLISSEMENT D'UN SERVICE DE BATEAUX A VAPEUR A ARLES.

COMPAGNIE

Des

DEUX RHONES,

ÉTABLISSEMENT D'UN SERVICE

DE

Bateaux à Vapeur

A ARLES.

ARLES.

TYPOGRAPHIE D. GARCIN, PLACE ROYALE.

1841.

COMPAGNIE

DES

DEUX RHONES,

Etablissement d'un Service de

BATEAUX A VAPEUR,

A ARLES.

Ce service mettrait Arles en communication régulière, savoir : en amont du fleuve, avec Tarascon et Beaucaire ; en aval, sur le Grand-Rhône, avec le village du Mas-Thibert, celui de l'Esquineau, la Tour-St.-Louis et Piedmanson ; sur le Petit-Rhône, avec St.-Gilles, le Château-d'Avignon, puis d'un côté la ville d'Aigues-Mortes, et d'autre côté, la ville des Saintes-Maries, et sur les deux branches du fleuve avec les 210 *Mas* ou métairies qui s'y trouvent situés et appartenant à la commune d'Arles.

1841 1

§ Ier. CE SERVICE, QUI SERAIT D'ABORD D'UN SEUL BATEAU, EST-IL NÉCESSAIRE ?

Le territoire d'Arles ne contient pas moins de 120 mille hectares ou 75 lieues carrées de superficie, pour une population concentrée de 22 mille ames. Si cette population y était éparse, elle formerait non pas une seule, mais 40 ou 50 communes rurales, qui auraient entre elles et en divers sens des chemins de grande vicinalité ou plutôt des routes départementales. A cet égard nous n'avons rien à désirer pour le Trébon et la Crau. Pour le Plan-du-Bourg, il y a d'un côté le canal de Bouc qui lui vaut une route; mais de l'autre, sur la rive gauche du Grand-Rhône, il n'existe qu'un chemin en terre que la moindre pluie rend impraticable. Il en est de même des deux côtés de l'île de la Camargues. Non-seulement les chemins n'en sont pas entretenus, mais encore, en beaucoup d'endroits, ils sont à peine défendus; aussi voit-on des propriétaires ou ménagers tantôt les rejeter sur leurs voisins ou les barrer par de larges fossés; tantôt enlever les ponts placés sur des roubines afin d'interdire l'usage de ces chemins. Si, comme l'a dit M. de Châteaubriand, la Camargues n'était pas un *pays à découvrir*, sans doute on pourrait voir respectés les chemins tels qu'ils sont, mais rien de plus; car la commune avec ses seules ressources, n'est point en puissance de construire des chemins en pierre, faute de matériaux à pied d'œuvre ou à proximité, sur l'énorme développement de 129 mille mètres, c'est-à-dire, de plus de trente-deux lieues. Il n'y faut donc pas penser. Redresser, uniformiser, border de fossés, bomber et aplanir les chemins par des cantonniers *ad hoc*, voilà tout ce que peut, si elle le veut, la commune, et tout cela n'est pas beaucoup pour la constante viabilité de ces chemins; mais pourquoi des chemins en terre? Le fleuve n'entoure-t-il pas de ses bras le sol qu'il a formé et ne paraît-il pas dire : « Je puis le desservir comme voie de transport, aussi bien que le fertiliser comme irrigation ? » D'un autre côté, les *Mas*, qui tous sont sur le bord ou tout au plus à mille et deux mille mètres des branches du Rhône, ne semblent-ils pas avoir été placés ainsi dans la prévision que ces branches en deviendraient tôt ou tard les grands chemins ? On doit le penser. Heureuse commune qui avec une vapeur de médiocre force, peut se dispenser de la construction et de l'entretien de 129 mille mètres de chemins, et faire transporter à peu de frais ses habitants et ses denrées plus vite qu'en poste ?

La population d'Arles est essentiellement agricole, mais au lieu d'avoir ses pénates disséminés sur tout son immense territoire, elle les tient soigneusement enfermés dans l'enceinte de ses vieux murs, et ne fait que *camper* en dehors, selon l'exigence de ses affaires et de ses travaux. Il en résulte un passage continuel de population de la ville aux champs et des champs à la ville ; il en résulte que personne n'est exclusivement campagnard, ni exclusivement urbain parmi les propriétaires, fermiers et ouvriers. Or, rien peut-il être mieux approprié aux habitudes et aux besoins du pays que le véhicule accéléré que je propose ?

Non-seulement il favoriserait fructueusement les intérêts actifs, mais encore la sûreté publique y serait fortement intéressée. Lors de nos calamiteuses inondations, quels services n'eut pas rendus le bateau communal, s'il eut existé, pour arracher à d'imminents périls les hôtes et les modestes mobiliers des cabanes envahies par les eaux ! Des inondations telles que les dernières, dira-t-on, ne viennent que séculairement ; mais, répondrai-je, la simple rupture d'une digue dans une crue ordinaire, ne peut-elle pas compromettre la vie d'habitants dont toute la sécurité repose sur la résistance de cette digue que tant de causes peuvent détériorer et détruire? Le bateau serait d'autant plus utile en pareil cas, qu'il pourrait être employé à l'approche des matériaux pour la *prompte* réparation de la digue, et que, prenant peu d'eau, il pourrait voguer sur toutes les plaines submergées.

Il est une autre considération que je ferai valoir. Arles possède le territoire et plus que le territoire d'un vaste arrondissement de sous-préfecture; sa population, bien inférieure en nombre à celle de pays moins favorisés de la nature, s'accroîtra à coup sûr et de beaucoup. Eh bien! si cette ville intéressante veut conserver son unité, sa précieuse unité, elle doit relier de plus en plus chaque point de son sol avec le centre par un bon système de faciles communications; car autrement des scissions pourraient éclater sur quelques points, et ce serait fâcheux, lors même que le *statu quo* serait maintenu.

Ce n'est pas assez pour Arles de rester une seule commune, il faut aussi, et elle doit y penser sans cesse et toujours s'en occuper, il faut aussi qu'elle multiplie de toutes les manières ses relations avec ses voisines qui, désormais, feront avec elle commercialement une cité fédérative. Oui, Arles, Saint-Gilles, Beaucaire et Tarascon doivent tendre chaque jour davantage à se rapprocher. Que chacune, malgré cela, garde ses intérêts exclusifs, sa vitalité propre, qu'il existe entre elles des oppositions, des rivalités, dont, en définitive, ne sortira qu'utile émulation, on le conçoit; mais la fédération commerciale n'en subsistera pas moins, et Arles, par sa position, sans seconde, est naturellement le centre de cette fédération. Avant donc de se rattacher à Marseille et à Lyon, Arles doit resserrer les liens qui l'unissent à Tarascon, Beaucaire et St.-Gilles, non dans son seul intérêt, mais dans celui respectif des quatre villes.

Ce n'est pas assez encore ; par le canal de Beaucaire et le Petit-Rhône viendra tout le Languedoc ; par le chemin de fer du Gard, les Cevennes ; par Tarascon, Vaucluse, *etc*. N'y a-t-il pas là de quoi stimuler l'ambition arlésienne qui, à cet égard, est la plus légitime des ambitions ?

De ce qui précède, je conclus que le service dont il s'agit est nécessaire.

§ 2. PRÉSENTERAIT-IL SUFFISAMMENT D'AVANTAGES ?

Aux raisons que je viens de déduire pour en démontrer la nécessité, qui seule devrait déterminer à l'établir, j'en pourrais ajouter beaucoup d'autres. J'en citerai seulement quelques-unes.

Malgré un riche terroir, malgré d'excellents pâturages, malgré des pêcheries magnifiques, la vie est chère à Arles pour toutes les classes ; pourquoi ? c'est que la petite culture, qui produit les provisions ménagères, n'y est pas assez pratiquée ; les légumes de toute sorte, par exemple, se vendent beaucoup plus chers qu'à Paris, où les maraichers louent leurs jardins jusqu'à 2400 fr. l'hectare, tandis qu'il n'est pas un ménager de Camargues dont le jardin ne soit plus que suffisant pour sa consommation ; il en est ainsi du lait, du fromage, du beurre, des œufs et de tout. Dans les champs, les fournisseurs de comestibles, dont les magasins sont mal assortis et les prix exorbitants, ruinent nos malheureux ouvriers qui, pourtant, reçoivent un salaire élevé. En doit-il être ainsi dans un pays dont la superficie et la population sont dans un rapport de 5 hectares 45 ares par individu ? Non, assurément ; mais des communications régulières et économiques ! Il n'est pas d'autre moyen d'amener un meilleur état de choses.

Abaisser les prix des subsistances, c'est rendre possible la modération du salaire tout en donnant plus de bien-être à l'ouvrier.

La Compagnie de desséchement a dans son vaste domaine 1000 hectares d'eau en communication avec le Rhône et la Mer qui les empoissonnent et en font une pêcherie permanente. Elle vient de créer de grands réservoirs afin de vendre les produits de cette pêcherie à volonté ; mais que manque-t-il pour en faire un ou deux envois hebdomaires aux marchés d'Arles ? Un bateau à marche *régulière* , attendu que les temps où le poisson est le plus recherché , sont précisément ceux où les chemins sont le plus impraticables.

Les attelages de bœufs sont plus profitables que ceux de mules ; mais la nécessité de longs transports fait préférer celles-ci auxquelles sans cela les bœufs seraient substitués, le bateau permettrait donc cette substitution.

Il n'est pas d'exploitant qui n'ait plusieurs chevaux à l'écurie pour le conduire lui et sa famille à Arles ; le bateau l'affranchirait donc de cette dépense ou au moins d'une forte partie.

J'ajouterai que le bateau remorquerait des bateaux-wagons et même , pour la remonte , de grands bateaux qui chômeraient faute de vent.

J'ajouterai que le bateau au besoin remorquerait , à l'époque du retour de la montagne et de l'agnelage , des bateaux chargés de brebis et d'agneaux.

J'ajouterai , que le bateau serait mis à profit par les administrations des douanes et du phare de Camargues.

Je pourrais citer d'autres avantages , mais c'en est assez pour mes lecteurs qui sauront bien me suppléer.

Il y a long-temps qu'on demande une route départementale entre Arles et St.-Gilles, le bateau, jusqu'à un certain point en tiendrait lieu , et il ne tarderait pas à faire naître de no velles relations comme à raviver celles existantes entre les deux villes pour le bien de toutes deux.

Le tribunal et le bureau des hypothèques de l'arrondissement d'Arles étant à Tarascon, on ne saurait trop multiplier les moyens de communication entre ces deux villes qui, indépendamment de cela, ont tant d'intérêt à se mettre en rapport.

Sans compter les pêcheries intérieures de la Camargues, qui sont susceptibles de grandes améliorations qu'amèneraient infailliblement de plus vastes et de plus sûrs débouchés, les pêcheries des embouchures, c'est-à-dire, de Piedmanson (par des habitants des Martigues), des Saintes-Maries et d'Aigues-Mortes qui, outre celle de Marseille, suffiraient à l'alimentation de la Capitale, pourraient au moyen du bateau à vapeur approvisionner de poisson frais Tarascon et Avignon, Beaucaire et Nimes, ainsi que toutes les petites villes avoisinantes où le poisson est toujours reçu avidement et chèrement vendu ; mais faute de moyens réguliers et célères de transport, il est souvent à vil prix et quelquefois jeté au Rhône. Le poisson est une marchandise dont presque toute la valeur vient de la rapidité du transport, le nolis en serait donc avantageux.

Enfin, on sait que presque partout les bateaux à vapeur décuplent les passagers : il en serait de même à l'égard du bateau communal.

Je terminerai par une supposition. Si les deux branches du Rhône n'existaient pas sur le territoire d'Arles, et s'il était question d'ouvrir des canaux dans leurs directions, la commune d'Arles ne s'y sentirait-elle pas grandement intéressée ? Ne ferait-elle pas des efforts pour décider leur réalisation, au besoin même, n'offrirait-elle pas d'y contribuer ? Oui, sans doute ; en ce cas reculera-t-elle devant une participation quelconque à l'établissement d'un bateau qui, pour le territoire et la population de la commune, équivaut véritablement à l'ouverture de ces deux canaux ? Non, j'en ai la conviction.

Un service de bateaux à vapeur, dont Arles formerait le centre, serait donc avantageux.

§. 3. QUELS SONT LES MOYENS DE L'ÉTABLIR ?

Ce bateau est nécessaire, il serait avantageux ; mais son usage étant presque tout spécial à la commune d'Arles, il est à désirer qu'elle prenne part d'une manière ou d'une autre à la première dépense qu'il occasionerait. Le mieux même serait que seule elle supportât cette dépense toute entière comme celle de la construction du pont, sauf à affermer l'exploitation du bateau comme et avec le péage du pont. Il y a connexion entre ces deux choses ; puis le fermier par le bateau recouvrerait ce que peut-être ce bateau enlèverait au péage. La ville en tous cas n'aurait point de préjudice à éprouver, car elle ressaisirait par l'octroi ce dont le bateau pourrait la frustrer. Le bateau, en effet, augmenterait considérablement l'entrée et la consommation des denrées passibles de la taxe municipale.

Ce serait de la part de la ville un bon calcul ; mais si un pareil emploi de fonds, quoique fructueux pour la population entière, lui paraît toujours une charge onéreuse, demandons-lui seulement d'encourager l'entreprise par une allocation pendant 3 ou 5 ans de l'intérêt à 10 p. 0/0 du capital employé, allocation qu'elle considérerait comme appliquée, non pas à l'entretien tel qu'il a lieu présentement des chemins de Camargues et du Plan-du-Bourg, dont elle demeurerait toujours tenue, mais à l'amélioration nécessaire et urgente de ces mêmes chemins qu'elle ne saurait refuser plus long-temps, et qu'elle ne ferait pas sans dépenser bien au-delà de ce que lui coûterait le bateau. Demandons-lui qu'elle sollicite en faveur du bateau l'affranchissement de tout droit de navigation et de tout impôt indirect.

Ainsi, elle aurait la faculté, en ce qui concernerait sa population, de discuter et régler contradictoirement avec les fondateurs les prix des chargements, personnes et choses.

Mais, va-t-on s'écrier, est-ce bien le moment de proposer une nouvelle dépense à la ville ? Oui, dirai-je, et plus que jamais, si cette dépense doit concourir efficacement, et l'on ne saurait en douter, à l'extension de nos richesses agricoles par une exploitation moins onéreuse et une administration mieux suivie de tout domaine particulier.

Quant aux personnes directement intéressées à la fondation du bateau communal, elles ont deux moyens de l'assurer et de la rendre immédiate. L'un, c'est de prendre des actions qui ne seront que de 250 fr. chacune ; l'autre, c'est de souscrire d'avance des abonnements pour des passages et des nolis pendant trois années.

§ 4. PRIX ET CONDITIONS **du premier bateau :**

Le bateau, la charpente de ses roues, ses tambours, le support en bois de sa double machine, son cabestan, ses ancres, sa cloche, ses cordages et sa peinture, coûteraient ensemble.... .... fr. 9,000

La double machine à moyenne pression, formant un moteur de la force effective de 25 chevaux, ses roues et sa cheminée, coûteraient ensemble.................................... 37,000

A REPORTER... 46,000

REPORT.....	46,000
Deux annexes, pour les cas de forts chargements, jaugeant chacune 8 tonneaux, ou 8000 kil., et pouvant au besoin être mises à la remorque, coûteraient	2,000
Réserve pour accessoires omis ou cas imprévus	2,000
Total de la dépense d'établissement...	50,000

Le bateau, sa machine et ses annexes, au moyen de perfectionnements simples, quoiqu'importants, dont notre ingénieux SOUCHIÈRE est l'inventeur, et dont je ne puis parler, présenteraient une notable amélioration.

Le bateau contiendrait intérieurement de 50 à 60 voyageurs, avec une tolérance pour chacun de 25 kil. de bagage. De plus, il porterait 13 tonneaux ou 13,000 kil. de denrées et colis.

Il calerait à vide 0 mètre 28 centimètres, et sous-charge de 16 tonneaux 0 mètre 34 centimètres de plus, c'est-à-dire, au total 0 mètre 62 centimètres.

§ 5. SERVICE ET ENTRETIEN DU BATEAU.

Frais calculés sur 12 heures de marche.

Si elle était moindre il y aurait diminution proportionnelle de ces frais, surtout quant au combustible.

1,200 kil. de charbon de terre à 3 fr. le 0/0.	36 f.	00 c.
Graisse et mastic	5	25
Entretien du bateau et de ses annexes......	1	80
Entretien de la double machine............	7	25
Conducteur de la machine...............	5	00
Deux chauffeurs........................	6	00
A REPORTER....	61	30

REPORT......	61	30
Patron	4	00
Matelot	2	50
Frais divers............................	2	20
Intérêt du capital	6	85
Total de la dépense journalière pour 12 heures de travail...........	76	85

§. 6. MARCHE DU 1er BATEAU.

Le bateau, abstraction faite de l'action sur lui du fleuve, dont la vitesse par heure est évaluée 3,500 mètres, parcourrait dans le même-temps 15,000 mètres ; mais il faut ajouter à cette somme ou en retrancher 3,500 mètres, selon que le bateau descendrait ou remonterait ; de sorte que dans le premier cas le bateau parcourrait 18,500 mètres par heure, et dans le second seulement 11,500 mètres. S'il remorquait une des annexes, il perdrait les deux cinquièmes de sa vitesse.

D'abord le bateau partirait, d'Arles pour Tarascon-Beaucaire, tous les jours de la semaine, sans en excepter le dimanche, à 6 heures du matin, et de Beaucaire-Tarascon pour Arles, à 9 heures.

Le dimanche il ferait un second voyage dont le départ d'Arles aurait lieu à 2 heures du soir, et de Beaucaire-Tarascon à 5 heures.

Ensuite, le lundi et le vendredi de chaque semaine il partirait d'Arles pour Chamone à 11 heures, et de Chamone pour Arles à 2 heures du soir.

Et le mardi, le jeudi et le samedi de chaque semaine, d'Arles pour Saint-Gilles et le Château-d'Avignon, à 11 heures du matin, et du Château-d'Avignon pour Arles à 3 heures du soir.

Le bateau chaque jour parcourrait en descente 54 à 55,000 mètres et autant en remonte.

Dans la durée du parcours d'un point à un autre, j'ai eu égard aux temps d'embarcations et de débarcations intermédiaires.

J'observe que le commencement et la fin de la journée d'action ont été fixés pour l'hiver. Ils pourront être l'un avancé et l'autre retardé dans les beaux jours. Le surplus de temps qui en résulterait serait convenablement réparti entre les moments de marche et de station.

Je me suis assuré auprès de l'honorable M. Poulle, ingégénieur en chef (qui a eu l'obligeance de me donner l'exacte mesure des distances à parcourir), qu'en ne calant pas plus de 0 mètre 65 centimètres, le bateau pourrait marcher en tout temps sur le Petit-Rhône.

§. 7. LA VAPEUR POUR LE SERVICE DONT IL S'AGIT NE SERAIT-ELLE PAS TROP COUTEUSE ?

La navigation à vapeur, dit-on, appliquée àun service rural sera trop coûteuse : voilà l'objection qui m'a été faite. Est-elle fondée? Je pense qu'elle ne résistera pas aux chiffres que je vais présenter et que chacun pourra vérifier. J'observerai d'abord que le bateau aurait aussi pour objet un service commercial à cause des villes de Tarascon, Beaucaire et St-Gilles; à cause de la lacune qu'il remplirait entre les canaux de Bouc et de Beaucaire, et à cause du chemin de fer du Gard. Il s'agit donc du transport des personnes, des denrées et des colis : quant aux personnes, il existe parallèlement aux rayons que parcourrait le bateau : 1° en aval pour la rive gauche du Grand-Rhône, le bateau-poste du canal de Bouc, et pour la rive droite du Petit-Rhône, le bateau-poste du canal de Beaucaire. 2° En amont les messageries d'Arles tant à Tarascon qu'à Beaucaire ; j'ai donc des moyens de comparaison.

J'admets que le **Delta** (ce serait le nom du bateau) serait de la force de 25 chevaux. S'il en avait une supérieure, l'excédant de dépense serait couvert par un plus grand avantage. J'en porte les frais journaliers, en somme ronde, à 80 francs, ce qui ferait par an........................... fr. 29,200

Que coûte le double bateau-poste établi sur le canal de Bouc ?

Relais d'Arles à Bouc, par jour..	55 f.	00 c.
Deux premiers patrons, 150 fr. par mois, ou par jour............	5	00
Deux deuxièmes patrons, 120 fr. par mois ou par jour.............	4	00
Droit de navigation, par jour...	11	40
Une maille par mois, 25 kil., à 80 francs les 50 kil., et par jour	1	32
Peinture du double bateau, par an 180 francs et par jour.............	0	50
Frais divers et intérêts de la mise de fonds, par jour...............	5	00
En tout.........	82	22

Et par an.................... fr. 30,010 30

Différence en faveur du Delta......... fr. 810 30

Mais j'observe que le double bateau-poste, qui n'est que la continuation d'une diligence, ne transporte, aller et retour, que de 24 à 30 voyageurs par jour, tandis que le Delta en recevrait autant qu'il s'en présenterait, indépendamment d'autres chargements.

Le Delta, à coup sûr, serait préféré par les exploitants du Plan-du-Bourg qui, indépendamment de ce qu'ils paieraient beaucoup moins cher, pourraient se faire accompagner de denrées que refuserait le bateau-poste.

Il en doit être à peu près de même à l'égard du canal de Beaucaire, dont d'ailleurs le bateau-poste ne ferait pas concurrence au Delta.

Maintenant que coûtent les Messageries entre Arles et Tarascon ou Beaucaire ?

Entretien de 7 voitures, 1 cabriolet et 1 fourgon.		2625 f.
Entretien des harnais		364
Ferrage des chevaux		936
Location d'écuries, remises et feniers		1050
Intérêts de la mise de fonds		1386
Perte sur la valeur des chevaux, un cinquième du prix d'achat à 400 f. l'un (26 chevaux)		2080
Salaire journalier de 8 conducteurs à 2 f.	16 fr.	
Nourriture de 26 chevaux à 2 f.	52	
Par jour	68	
Et par an		24,820
Total		33,261
Le Delta ne dépenserait que		29,200
Différence en faveur du Delta		4,061

Les Messageries, aller et retour, ne peuvent contenir aux premières places, à 1 fr. 65 c. que....... 42 voyageurs ;

Aux deuxièmes, à 1 fr. 50 c. que	72	»
Dans le cabriolet, à 1 f. 25 c. que	8	»
	122	

Le fourgon peut transporter, aller et retour, 80 quintaux de marchandises.

Tandis que le Delta, outre qu'il prendrait les voyageurs en

quelque nombre qu'ils se présentassent, ferait des transports considérables ou des remorques avantageuses.

Je ne comparerai pas la faible dépense qu'occasionerait le Delta avec celle des chevaux des ménagers, puisque cette dernière, même dans la durée du voyage, est plus forte et que pour la plupart les chevaux ne sont nourris et entretenus toute l'année que pour les voyages à Arles.

Quant aux denrées et marchandises le Delta pour rait porter ou remorquer 24 tonneaux ou.............. 24,000 kil.

Chaque couple de mules traînant, terme moyen, 1,600 kil, il faudrait pour un transport égal au tonnage du Delta 15 couples.

Le voyage de chaque couple, terme moyen, revenant à 8 francs, il en résulterait une dépense de........... 120 f.

Eh bien! celle du Delta ne s'élèverait qu'à....... 80

Différence en faveur du Delta....... 40

Ce n'est pas tout, ce bateau en remontant irait 3 fois plus vite que les mules, et en descendant 6 fois. Or, il l'emporterait donc nécessairement sur les mules qui ne pourraient soutenir la concurrence.

§ 8. PRIX PROVISOIRE DES TRANSPORTS

Pour les Personnes.

	1ères places.		2èmes places	
Course entre Arles et Tarascon-Beaucaire..	1 f.	50 c.	1 f.	15 c.
——— entre Arles et Chamone..........	2	00	1	50
Demi-course entre les mêmes lieux.......	1	00	0	75
Course entre Arles et le Château-d'Avignon	2	00	1	50
Demi-course entre les mêmes lieux.......	1	00	0	75
Course entre Arles et Saint-Gilles........	1	20	0	90

Pour les Denrées et Marchandises.

Course entre Arles et Beaucaire-Tarascon ,	pour 100 kil.	0 f.	50 c.
——— entre Arles et Chamone..........	*id.*	1	00
Demi-course entre les mêmes lieux.......	*id.*	0	50
Course entre Arles et le Château-d'Avignon	*id.*	1	00
Demi-course entre les mêmes lieux.......	*id.*	0	50
Course entre Arles et Saint-Gilles........	*id.*	0	75

§. 9. LE BATEAU SERAIT-IL ASSEZ OCCUPÉ ?

Pour les personnes qui connaissent la localité et y ont réfléchi, cette question n'en est pas une et cède la place à celle-ci: *Le Bateau sera-t-il suffisant?* Non, répondrai-je, aussi dans les Statuts de la Société ai-je prévu l'établissement prochain d'un second. Ce second est d'autant plus probable que l'intérêt de ce qu'il coûterait et les frais auxquels il donnerait ouverture seraient amplement compensés par son emploi aux seules époques des foires et fêtes pendant lesquelles les passagers abonderaient, et grâce à cette heureuse circonstance on pourrait assurer *imperturbablement* la régularité du service, puisqu'on aurait, dans les temps ordinaires, un bateau de rechange. Mais on verra par la suite qu'il y aurait assez de besogne continue pour deux bateaux.

La Camargues est, dit-on, le grenier de la Provence ; elle en doit être aussi la basse-cour. En Brie, en Beauce, en Picardie, les produits des bestiaux de rente acquittent le fermage, et en Camargues où les fourrages de toute nature et principalement la luzerne viennent si abondamment, il n'y a point de basse-cour, grâce à l'olivier * ; car je ne regarde pas

* Dans le Midi on emploie l'huile d'olive en guise de beurre, parce que venant de loin, il n'y arrive que gâté, et par contre, dans le Nord

les troupeaux de bêtes à laine comme en formant une, ces troupeaux étant la moitié de l'année dans les Alpes et le reste dans ce qu'on appelle les en fors du Domaine, c'est-à-dire, sur les terres non cultivées et passant à peine sur celles qui le sont. Nos femmes de ménagers si intelligentes, si actives, si soigneuses, si propres, si économes, ne sauraient-elles donc élever des veaux, faire du beurre, du fromage, *etc.* ? Leur capacité à cet égard ne le céderait certes pas aux meilleures fermières de la Brie ; mais si vous voulez mettre leur aptitude et leur zèle à l'épreuve, rapprochez-les du marché et par-là, je n'en doute pas, vous créérez la BASSE-COUR qui rendra la Camargues plus florissante que jamais elle n'a été *; mais voyez si ce rapprochement n'est pas nécessaire même sans cette considération.

Dans la plupart des départements de France, la ferme n'est, en moyenne, qu'à une lieue du marché ; en Camargues, terme moyen, elle en est à 4 lieues de poste; dans la plupart des départements, il n'existe d'autres rapports entre la ferme et la ville voisine que ceux d'approvisionneurs et d'approvisionnés ou, en d'autres termes, de vendeurs et d'acheteurs hebdomadaires, et pour cela le déplacement de l'un

on cultive toutes sortes de plantes oléagineuses pour en extraire l'huile, qui remplace celle d'olive, laquelle n'y vient que falsifiée. Ainsi, le beurre et l'huile sont également et avec raison repoussés pour certains assaisonnements, parce que, loin du lieu de leur origine respective, on ne connaît l'un et l'autre que de mauvaise qualité ou rances ; mais au dire des Provençaux, eux-mêmes, qui ont vécu dans les petites villes du Nord, je ne dis pas Paris, et pour cause, la cuisine au beurre est préférable à la cuisine à l'huile. Nous sommes donc plus heureux ici que dans le Nord, puisque nous pouvons avoir l'un et l'autre d'excellentissime qualité.

* J'émettrai un jour quelques idées sur la transition de l'état actuel au nouvel ordre de choses à cause des baux.

des époux suffit. Sur notre commune il y a de plus entre mas et la ville les rapports qui existent entre deux domicil d'un même ménage simultanément occupés, d'où suivent l passages multipliés et presque journaliers de l'un à l'autr

Il n'y a pas de mois, d'après M. le baron de Chartrous qu'il ne parte du mas pour la ville un charreton. A compte les 210 mas donnent, à raison de 12 pour chacun 2,520 voyages. Le charreton porte ou va chercher à la vil des provisions ; ce n'est donc pas tous les mois, c'est tout les semaines qu'il devrait marcher pour les besoins des dou bles domiciles et les profits des exploitations ; c'est do 10,200 voyages qui seraient nécessaires pour tous les ma Le charreton n'empêche pas le chef du ménage d'aller à ville sur son cheval. Mais le bateau remplacerait tous l charretons en rendant, à moins de frais, quatre fois plus services, et tous les chevaux de selle, en préservant ce qui les montent des boues, de la poussière, du mistral, la chaleur, des cousins, de la fatigue et surtout d'une ass forte dépense.

Les chiffres qui vont suivre ne s'appliquent qu'à la Cama gues où il existe 170 mas. Quant aux 40 du Plan-du-Bourg, pourrais les y ajouter, attendu leur parfaite similitude, ma je les compense avec ceux, moins nombreux, de Camargue qui ne sont pas à plus d'une lieue ou d'une lieue et dem d'Arles, et qui ne se serviraient guère du bateau.

A l'égard de 30 et quelques mas situés sur la rive droite Petit-Rhône, et qui ne laisseraient pas de fournir des pass gers ou des nolis soit pour Arles, soit pour St.-Gilles, je l passe sous silence.

Je ne calcule donc que sur 170 mas situés en Camargues.

Le chef de chaque mas ou sa femme va ordinairement la ville une fois par semaine ou 50 fois par an, ce qui f

pour les 170 mas, aller et retour.........	17,000 courses.
300 charretiers ou sous-charretiers, qui ont 5 vacances dans le courant de l'année, aller et retour........................	3,000
170 femmes de ménages, dites *tantes*, qui ont cinq vacances......................	1,700
220 bergers qui ont une vacance, sauf les bailes qui en ont deux..............	500
40 gardiens qui ont 5 vacances, mais qui ne quittent guère leurs chevaux.........	*mémoire.*
500 * lougadiers, terrassiers, moissonneurs, *etc.*, occupés toute l'année en Camargues (compensation faite des temps de chômage avec ceux de grande occupation), qui vont tous les 15 jours exactement à la ville................................	24,000
	46,200

C'est par semaine 888 et quarante-six centièmes, et pour chacun des cinq voyages sur le Grand et le Petit-Rhône 177 et soixante-neuf centièmes, c'est-à-dire, l'un portant l'autre, pour aller 88 et quatre-vingt-quatre centièmes et pour retour autant.

J'observe que les ouvriers et gens à gages ont pour aller à la ville un demi jour ou un jour entier, selon la distance à parcourir, et autant pour le retour; or, le haut prix du travail ferait que les occupants exciteraient les occupés à se

* Il y a 6000 ouvriers flotants à Arles. La Camargues en occupe plus que les autres parties du territoire. Ce nombre approximatif est donc bien inférieur au réel.

servir du bateau, parce qu'il y aurait là économie; mais nos ouvriers y viendraient d'eux-mêmes, étant loin d'être avares.

Je ne compte pas les allées et venues des enfants, parents et amis des exploitants;

Celles des propriétaires et régisseurs;

Celles des pêcheurs et chasseurs qui couvrent la Camargues;

Celles des curieux qui l'explorent;

Celles des malades qui la quittent;

Celles des douaniers qui l'investissent;

Celles des amateurs de courses et de ferrades;

Je ne compte pas les pilotes que les navires laissent à l'embouchure;

Je ne compte pas les voyageurs obligés de remonter le Rhône lorsque la passe est mauvaise;

Je ne compte pas les pieuses fêtes qui attirent pendant trois jours de 6 à 8 mille étrangers aux Saintes-Maries;

Je ne compte pas la saline de Peccais qui occupe plus de 600 ouvriers;

Enfin je ne compte pas les améliorations de tout genre qui seraient la conséquence de l'établissement du bateau et en retour multiplieraient de plus en plus les transports.

Voilà pour les personnes.

Passons aux choses.

Je laisse de côté les petits approvisionnements respectivement portés et pris à la ville.

Je laisse de côté les hortolages, le lait, la crême, le beurre, le fromage, les fruits, *etc.*, qui ne seraient que des accessoires des *colis humains*, qu'on me passe l'expression.

Mais voici des denrées plus importantes:

Les luzernes et les foins à diverses époques de l'année. J'ai déjà un nolis de 3 à 4,000 quintaux métriques d'assuré.

Il se récolte en Camargues 80,000 setiers de blé ou 48,000 hectolitres formant un poids de 40 mille quintaux métriques.

On y dépouille de leurs toisons 110 mille bêtes ovines qui donnent 220 mille kil. de laine.

Beaucoup de ces blés et laines seraient confiés au bateau.

Les vins, les farines et les semences que les ménagers font descendre d'Arles.

Les matériaux tels que chaux, plâtre, briques, tuiles, fer, bois de charpente, *etc.*

Je ne dis rien des bois de chauffage, lesquels donneraient de petites remorques toute l'année ; car il n'est pas de mas qui n'envoie à Arles le bois qu'il y consomme ; mais ce ne serait pas l'article le plus avantageux.

J'ai déjà parlé des produits des pêcheries : mais c'est un objet qui deviendrait si important, selon moi, que je ne saurais trop le rappeler. Les pêcheurs de Piedmanson (Martigues) par la Lône ; ceux des Saintes-Maries par le Petit-Rhône, et ceux d'Aigues-Mortes par le Sylvéréal, viendraient dans de petites embarcations apporter leurs produits au bateau. Après l'établissement du second, on se rapprocherait le plus possible du siége de leur industrie.

J'arrive à St.-Gilles, qui deviendrait presque un faubourg d'Arles : j'ose espérer qu'il en serait de même d'Aigues-Mortes, qui est à peu près de la même importance. La population de St.-Gilles est de 5 à 6000 ames : elle tirerait les trois quarts des farines qu'elle consomme des minoteries d'Arles, d'après l'approximation de M. le baron de Rivière, ancien maire de cette ville ; et en retour, Arles demanderait à St.-Gilles les vins qu'il enlève à Bellegarde.

Pour St.-Gilles, Arles remplacerait Nîmes quant au commerce.

En voilà assez, je pense, pour rassurer sur l'occupation du premier bateau ; le second ne serait établi après, expérience et sur l'avis de la Commission de surveillance nommée par les Actionnaires, que s'il était utile et avantageux. Sa marche en serait combinée avec celle du premier pour le mieux. Peut-être suivraient-ils tous deux les mêmes lignes alternativement; mais je crois entrevoir qu'on pourrait donner à celle d'amont la même longueur qu'à chacune des deux d'aval: de sorte que le service serait poussé jusqu'à Avignon, qui se trouverait en communication journalière avec le groupe des quatre villes de Beaucaire, Tarascon, Arles et St.-Gilles; et avec les inépuisables pêcheries des embouchures et de la Camargues.

Alors l'un des deux partirait chaque matin d'Arles pour Avignon, et chaque soir d'Avignon pour Arles, en faisant coïncider ses deux passages à Beaucaire avec des départs et arrivées de convois sur le chemin de fer, et l'autre partirait le matin d'Arles pour se rendre à l'une des embouchures d'où il reviendrait le même jour.

Ainsi le poisson pris le matin sur la côte de Camargues et dans l'intérieur de cette île, arriverait le soir à Arles où celui attribué à cette ville serait de suite mis en vente, et où celui des destinations ultérieures passerait une nuit, ce qui serait sans inconvénient, puisque plus la chaleur serait intense plus aussi la nuit serait courte.

Ainsi les habitants des cinq villes pourraient se rendre de l'une à l'autre, y traiter leurs affaires et rentrer chez eux le même jour; par exemple, nos plaideurs, nos avocats, nos notaires, nos industriels et nos commerçants iraient à Tarascon et en reviendraient en bateau dans le même jour.

Ainsi la circulation qui, entre Avignon et le chemin de fer est la même qu'entre Arles et Tarascon et qui est déjà suffisante pour l'existence d'un bateau, en serait néanmoins e promptement doublée par le seul effet d'un service agréable rapide et régulier; car pour les Avignonnais, pour les Arlé siens et pour les villes jumelles, les fréquents passages des bateaux de Lyon ne sont presque d'aucune utilité, notamment quand il s'agit de prendre la voie de fer, à cause de l'irrégularité des passages.

Ainsi, d'un autre côté, nos propriétaires, régisseurs et exploitants pourraient partir d'Arles pour les mas qui les intéressent ou les occupent et en revenir par le même soleil.

Ainsi, en un mot, avec beaucoup plus d'avantages on aurait encore beaucoup plus de commodité dans l'établissement de deux bateaux que dans celui d'un seul. Ils seraient de la même force afin qu'au besoin l'un remplaçât l'autre et qu'ils pussent alterner, aux jours de repos, pour les nettoyages et réparations.

Pour traîner facilement les bateaux-wagons et marcher avec une grande vitesse par tous les états du fleuve et de l'atmosphère, la force de 35 chevaux serait indispensable. Il en résulterait dans le prix du moteur une augmentation de 12000 f.; puis dans l'entretien et le service une augmentation journalière de 30 fr. Les jours où la vitesse du fleuve ne dépasserait pas 1 mètre et celle du vent contraire 6 mètres par seconde, on remorquerait du canal de Bouc à celui de Beaucaire, dont le bateau serait en quelque sorte la jonction, des navires non chargés pour chacun desquels actuellement il est payé en frais de hallage 80 francs : ce serait une forte portion du couvert de la dépense quotidienne du bateau. Cette remorque se ferait en 2 heures et demie. Au retour (à partir de Tarascon), on aurait des barques à descendre qui donneraient une trentaine de francs ou (à partir d'Avignon) des barriques de garance, si le transport n'en était pas trop ingrat.

A l'égard des deux, parlerai-je de la foire de St.-Gilles, de celles d'Arles, de la fameuse Tarasque du roi Réné, de la plus fameuse foire de Beaucaire qui, pendant un mois, et surtout dix jours consécutifs, occuperait à 3 voyages par jour les deux bateaux portant à la fois 2 ou 300 personnes ?

Je terminerai ce paragraphe par les réflexions suivantes :

1° Il n'est pas de navigation par la vapeur qui ne soit plus ou moins interrompue soit faute d'eau, soit faute de chargements : par exemple, l'Aigle entre Arles et Marseille ne fait que 70 ou 80 voyages par an et cela doit suffire aux frais de toute l'année. Sur la Saône, sur la Loire, sur la Seine, il y a de longues ou fréquentes interruptions, tandis que le Delta n° 1 et le Delta n° 2 marcheraient constamment à moins d'accidents extraordinaires.

Ces bateaux prenant fort peu d'eau vogueraient toujours à l'étiage de la principale branche du fleuve (qui suffirait au besoin à l'occupation des deux), et même à l'étiage de la petite lorsque l'administration des Ponts-et-Chaussées voudra bien s'en occuper et elle le fera du moment qu'il existera sur le Petit-Rhône une navigation suivie : cela seul serait déjà un service rendu par la Compagnie des Deux Rhônes. J'appelle là-dessus l'attention des habitants et surtout des propriétaires de l'immense contrée qu'il traverse.

2° Je ne le dissimule pas, j'ai surtout en vue l'amélioration de la Camargues et du Plan-du-Bourg ; la dénomination de la compagnie et celle des bateaux en témoignent assez. Si je dépasse Tarascon, c'est qu'en assurant mieux la prospérité de l'entreprise, je la consolide davantage et qu'en satisfaisant dès l'origine tous les besoins, j'écarte pour l'avenir toute idée de concurrence ; mais la population d'Arles tout entière, la population industrielle, commerciale, rentière et ouvrière d'Arles, à laquelle je porte une vraie affection y est tout autant intéressée que les propriétaires et exploitants de la Camargues, il ne faut pas s'y tromper. J'en dis autant des populations des autres villes ; mais ne sortons pas d'Arles pour mes appréciations. Il y a toujours dans les murs d'Arles 16,000 ames. Par des produits qu'on laisse perdre aujourd'hui ou qu'on créera, d'un côté on s'indemnisera largement des allées et venues sur le bateau tout en se mettant à même de satisfaire de nouveaux besoins auxquels l'industrie et le commerce auront à pourvoir ; d'un autre côté, on diminuera notablement le prix de l'existence urbaine, tout en la rendant plus abondante et plus agréable. Eh bien ! sans calculer ce que gagneraient les fabricants et marchands, chiffrons seulement l'épargne sur les provisions ménagères. Ce n'est point l'exagérer que la porter à 0 fr. 05 c. par jour et par tête ; c'est peu... Ce n'est rien... C'est, Arlésiens, pour chacun de vous, 1 fr. 50 c. par mois et 18 fr. par an ; c'est pour vous tous 400 fr. par jour, 12,000 fr. par mois et 144,000 fr. par an. S'il s'agissait de rendre le bateau d'aval tout-à-fait communal, d'en rendre l'usage gratuit, savez-vous ce qu'il en coûterait à la ville pour chaque habitant, non par jour, non par mois, mais par an ? Il en coûterait environ 2 francs. Est-ce là, dites-moi, une bonne ou mauvaise spéculation ?

Mais que de richesses incalculables viendraient à la suite des améliorations dont le bateau serait le commencement et la base !

A l'appui de ce qui précède, voici deux lettres, l'une de M. le baron de Rivière, qui s'est tant et si utilement occupé dans divers écrits de la Camargues, et l'autre, de l'honorable M. Jalaguier, maire de St.-Gilles, qui a bien voulu répondre aux questions que j'avais pris la liberté de lui soumettre.

Faraman, 3 février 1841.

A M. Ét. Godefroy, fondateur de la Compagnie des Deux-Rhônes.

Monsieur,

Agriculteur depuis ma première jeunesse, je n'ai voulu participer à aucune entreprise industrielle jusqu'à ce jour. Il y a dans ces sortes d'opérations quelque chose d'aléatoire et d'aventureux qui ne va pas à ma vieille habitude de ne m'engager que pour des choses que je puisse en quelque sorte palper et saisir physiquement et moralement. Cependant, telle est l'impression que m'a faite la lecture des deux articles insérés dans les journaux d'Arles, sur le projet d'établir des bateaux à vapeur pour le service de la commune, que je m'empresse de vous prier de me réserver pour 1000 fr. d'actions dans votre *Compagnie des Deux-Rhônes ;* tenant à honneur d'être des premiers à vous témoigner ma sympathie pour une aussi utile conception.

Dans cette opération, je vois un premier pas fait par notre malheureuse Camargues dans le progrès social dont elle a été exclue jusqu'ici, à ce point que pour avoir une lettre, qu'on distribue gratis dans tout le royaume, je suis obligé d'envoyer un exprès à la ville et de dépenser 6 francs. C'est que dans tout l'espace compris entre le Petit-Rhône et le canal de Bouc (100 mille hectares de surface), il n'existe pas une route départementale, pas même un chemin communal entretenu de manière à être constamment viable : aussi en coûte-t-il autant pour faire parvenir de la campagne à la ville du poisson ou tout autre produit que pour les faire aller de Marseille à Lyon.

Votre entreprise créera en Camargues des valeurs qu'on ne soupçonne pas, doublera, triplera même souvent celles qui existent, ranimera l'émulation de ses habitants qui risque de s'éteindre en voyant l'atonie dans laquelle le pays reste plongé, malgré leurs efforts intelligents, mais isolés.

J'ignore si, comme vous paraissez y compter, l'administration entrera dans vos vues et vous secondera ; je n'ose l'espérer ; la Camargues semble condamnée à jamais à subir toutes les charges sociales, sans obtenir en retour un peu de cette protection légale que l'état doit également à tous les citoyens;

mais, je n'en doute pas, les propriétaires éclairés sur leurs vrais intérêts, n'hésiteront pas à venir participer à une œuvre qui augmentera beaucoup la valeur de leurs terres et qui, à ne la considérer que sous le rapport industriel, présente des chances de bénéfice qui me paraissent assurées.

J'ai l'honneur d'être avec une parfaite considération,
votre très-humble serviteur,

BARON DE RIVIÈRE.

Saint-Gilles, 9 février 1841.

Le Maire de la ville de St.-Gilles, à M. Godefroy, à Arles.

Monsieur,

J'ai reçu les trois envois du *Publicateur* que vous avez bien voulu m'adresser, ainsi que votre lettre du 22 janvier, par laquelle vous me demandez de vous faire connaître l'accueil que la population de St.-Gilles ferait à l'établissement d'un bateau à vapeur sur le Petit-Rhône, qui nous mettrait, pour ainsi dire, en communication journalière avec la ville d'Arles, et en même-temps vous désigner les objets que nous pourrions fournir au nolis de ce bateau.

Dès que j'eus reçu les premiers numéros du *Publicateur*, je m'empressai d'en donner connaissance à différentes personnes qui toutes verraient avec le plus grand plaisir la réussite de votre entreprise.

Quant au nolis que nous pourrions vous fournir, il consisterait principalement en vins et farines, la boulangerie de St.-Gilles se servant de préférence des farines de la minoterie d'Arles. Voilà les articles qui vous fourniraient un nolis très-fort, si vos prix se trouvaient égaux à ceux qu'on donne par charrette ; mais je crains qu'ils ne soient bien au-dessus en y ajoutant les frais du transport de St.-Gilles au Rhône.

Ainsi, une balle de farine pesant 122 kil. coûte de transport d'Arles ici un franc. Elle est prise à la minoterie et rendue devant la boutique du boulanger, ce qui fait 83 c. les 100 kil. Il ne resterait donc que 17 c. pour le transport de la minoterie au bateau et du Rhône devant la boutique du boulanger, ce qui ne serait pas suffisant.

Quant aux passagers, je crois qu'ils seraient nombreux; vous auriez en outre des denrées à transporter des campagnes éloignées.

Je désire ardemment que votre projet réussisse, ce serait un grand service que vous rendriez à notre population de lui donner les moyens en toute saison, de ne plus avoir sa communication interrompue avec la ville d'Arles, par l'effet des pluies ou de tout autre cause.

Agréez, Monsieur, l'assurance de ma considération destinguée,

Le Maire,

P. JALAGUIER

OBSERVATIONS SUR LA LETTRE DONT M'A HONORÉ M. JALAGUIER.

D'abord je prie M. Jalaguier de recevoir mes remercîmens sincères pour les choses obligeantes qu'il me dit et les renseignemens qu'il me donne.

Il est vrai qu'en passant par la Camargues, lorsque les beaux temps et les beaux chemins le permettent, le transport d'une balle de farine ne revient qu'à 1 fr.; mais quant il faut, et c'est tout un tiers de l'année, passer par Bellegarde, le même transport se paie 1 fr. 50 c. et quelquefois davantage. Il y a donc une moyenne à prendre et je crois l'avoir saisie dans mon tarif qui, du reste, n'est que provisoire; mais en tout cas, la Compagnie du bateau, dans ses traités avec les négocians ou boulangers consentirait toujours à une juste compensation.

St.-Gilles exporte autant et peut-être plus de blés qu'il

n'importe de farines, qui proviennent souvent de ses propres champs, ces blés viendraient donc aux minoteries d'Arles : ce serait encore un important nolis pour le bateau.

—

Lettre de M. Féry, souscripteur d'actions.

Il ne m'est pas possible et il serait inutile de mettre sous les yeux de mes lecteurs toute ma correspondance, quelle qu'encourageante qu'elle soit ; mais du moins je veux porter à leur connaissance les réflexions ou objections qui me parviennent.

M. Féry, ingénieur, attaché à la grande entreprise des Landes, M. Féry, qui a fait le nivellement et la description topographique de toute la Camargues, qu'il connait parfaitement pour l'avoir habitée six ans consécutifs, s'empresse de placer le fruit de ses épargnes sur le bateau de la ville d'Arles, et à ce sujet il m'écrit ce qui suit :

La Teste, 11 février 1841.

Monsieur,

J'ai lu avec un véritable plaisir les développemens de votre projet de bateau communal. Il me parait conçu d'une manière très-heureuse, et je ne doute pas d'un prompt succès, car *tout le monde y sera intéressé : les ouvriers comme les fermiers et les propriétaires.* Aussi je voudrais de grand cœur aider efficacement à la réalisation de votre projet, et il ne tiendra pas à moi d'y prendre une petite part. Je compte sur une rentrée très-prochaine de 500 ou de 1000 fr. qui doivent être versés entre les mains de Me Bédel. Si cette rentrée a lieu en temps utile, je vous prierai de me réserver des actions pour pareille somme. Déjà M. Bédel est prévenu, et il doit même avoir souscrit pour moi si les fonds lui sont assurés. (Ces fonds seront en effet disponibles).

Vos calculs si clairs, si précis ne me permettent pas de

supposer qu'ils ne soient basés que sur des approximations. Cependant, si vous permettez cette observation, je trouve l'estimation de la dépense de 1er établissement un peu faible. Le bateau ne coûterait-il que 9000 fr., n'avez-vous pas tenu compte des chômages nécessités par des réparations, nettoyages de la machine, *etc.*? Ces observations ont peu d'importance, en tout cas, et je ne les hasarde que pour répondre à l'appel que vous faites à la critique.

Observations sur la lettre de M. Féry.

Le suffrage de M. Féry, dont je connais l'esprit positif et judicieux est pour moi d'un grand poids. Je lui répondrai que j'ai entre les mains un devis détaillé et réfléchi qui a été dressé et signé par des entrepreneurs pour la confection du bateau et de ses annexes. Je puis, à cet égard, assurer que mon chiffre ne serait pas dépassé, *lors même que ces entrepreneurs ne seraient pas agréés par la Commission que nommeraient les actionnaires.* Quand au moteur, j'ai acquis la certitude qu'il pourrait être établi dans les ateliers les plus estimés, avec garantie pendant une année de sa *force* et de sa *sûreté* pour le prix que j'ai annoncé. Reste l'entretien et le service de la double machine.

Depuis deux ans j'en gouverne une que j'avais trouvée presque abandonnée. J'ai commencé par établir le juste rapport entre sa puissance et la résistance qu'elle avait à vaincre : ensuite, j'ai formulé un traité auquel MM. Souchière et Tardieu, mécaniciens à Arles, ont souscrit comme entrepreneur à forfait et pendant deux saisons d'arrosage de 6 mois chacune, ma machine n'a pas cessé de marcher jour et nuit sans la moindre interruption. Déjà mon traité a eu des imitateurs, et à l'heure qu'il est on m'en demande une copie pour en conclure un pareil. Eh bien ! les mêmes entrepreneurs se chargeraient à leurs risques et périls, moyennant les prix que j'ai accusés dans mes prévisions, de l'entretien et du service de la machine du bateau pour neuf années, en s'obligeant de la rendre dans sa valeur d'achat, à un huitième près, et en laissant une forte partie du prix convenu à titre de garantie. Les nuits et le demi-jour de chômage du mercredi suffiraient pour les nettoyages et réparations ; il n'y aurait donc que les accidents extraordinaires, qu'il faut toujours prévoir, et dont nulle entreprise n'est exempte, qui pourraient occasioner quelques chômages ; mais cela serait rare. Puis n'y aurait-il pas de sûres compensations entre les époques d'extrême occupation et les chômages très-éventuels ?

Je désire que ces explications satisfassent entièrement M. Féry, et j'ose l'espérer.

Il n'est point d'entreprises de navigation, soit fluviale soit maritime pour le commerce, qui soit moins susceptible d'intermittence que ne le serait celle dont je m'occupe. Les bateaux à vapeur sur les fleuves sont arrêtés soit par les basses eaux, soit par les crues à cause des ponts, soit enfin faute de chargements. Le Delta, par sa forme et la nature de son service, n'éprouverait aucune de ses vicissitudes. Le Petit-Rhône, par exemple, dans les temps du plus bas étiage, n'aurait que quelques centaines de mètres d'ensablement, dont le dragage ne serait pas très-dispendieux, outre qu'il serait possible de prévenir ces ensablements qui ont lieu par l'effet des vents ; du reste, les transports de marée dans des barques faites exprès, dont la remorque ne ralentirait pas la marche du bateau, et dont l'éloignement préserverait les voyageurs de toute mauvaise odeur. Les transports de personnes et denrées agricoles, ceux des voyageurs, les remorques en amont de navires non chargés (il s'en trouve aujourd'hui plus de deux cents dans le canal et le port d'Arles), ne manqueraient en aucun temps : il n'y a donc point d'entreprises du genre de celle dont il s'agit, qui se trouvent environnées de circonstances aussi favorables quant à la stabilité et à la régularité. Nos barques de cabotage qui entrent en mer, font, quand les affaires vont bien, 8, 10 ou au plus 12 voyages dans l'année, et celle qui ne vont qu'entre Arles et l'embouchure, 3 par mois, et par an, année commune, 36. Ce petit nombre de voyages doit couvrir l'intérêt du capital employé, l'entretien des coques et agrès des barques, enfin les dépenses personnelles de l'équipage.

On voit donc que la voile n'est pas aussi économique qu'on le pense généralement, et que la vapeur bien administrée peut soutenir avec elle la concurrence.

§ 10 *et dernier*. CONSIDÉRATIONS DIVERSES.

Les villes de Marseille, Nimes et Avignon ne savent ou faire que des placements fonciers. Aujourd'hui les acquisitions en Camagues leur répugnent à cause des difficultés de l'accès : il en serait différemment après l'établissement du bateau qui tout de suite élèverait le prix des immeubles en Camargues. Les propriétaires de cette île le savent si bien que plusieurs, et des plus notables (je citerai seulement M. Louis de Grille), m'ont dit : « Votre entreprise nous est tellement » avantageuse que les fonds que nous y mettrons, lors même » qu'ils ne produiraient aucun intérêt direct, seraient pour » nous un bon placement, puisqu'ils sortiraient nos domaines » de leur état d'infériorité relative sous le rapport de leur » valeur vénale et de leur exploitation ».

Je compte donc beaucoup sur le concours de MM. les Propriétaires qui n'auront pas chacun 1000 fr. à verser, non pas à sacrifier, qu'ils le comprennent bien, pour assurer la fondation des deux bateaux, si deux sont nécessaires. Beaucoup d'entr'eux ne résident pas dans le pays, mais ils y ont des mandataires et régisseurs aussi intelligents que zélés qui, je n'en doute pas, détermineront leurs commettants à prendre part à une entreprise qui les intéresse au plus haut degré, et qui ne les expose à aucune perte possible; car, si contre toute évidence, le service n'était pas tenable, les bateaux qui sont presque des immeubles, pourraient être utilisés ailleurs, et je pourrais dès-à-présent indiquer leur place. Quant à l'administration, elle sera tout à la fois simple, loyale et économique ; elle est conçue d'après un mode dont l'application est *immémoriale* dans le pays. Nos tartanes et même nos navires de long-cours sont, quant à la propriété, partagés en 24 parties ni plus ni moins, dont plusieurs quelquefois sont dans la même main ; il existe à peine un acte de société et pourtant jamais il ne s'élève de difficultés entre les co-associés. On prélève sur le nolis de chaque voyage les dépenses de tout genre qui ont été faites dans le cours de ce voyage, et le reste, qui forme le bénéfice, est partagé ainsi : moitié en revient au bâtiment, et dans l'autre moitié, une part et demie au capitaine; une part à chacun des 3 ou 4 matelots ; une demie, un tiers ou un quart de part à chacun des novices et mousses. Je n'ai pas admis exactement les mêmes proportions. J'alloue au capital 5 p. 0/0, à l'équipage des traitements gages ou salaires qui seront modérés ; puis le bénéfice, après la réserve, est partagé parties entre 1° le Capital ; 2° le Gérant, auquel il tient lieu d'appointemens, et 3° les divers employés en proportion de ce qu'ils auront reçu pour leur travail dans le courant de l'année. L'Agent-comptable sera payé en raison des nolis qui passeront par ses mains à la manière par exemple de l'estimable M. Auran, par l'administration du bateau à vapeur l'*Aigle*. Ainsi pour cet agent plus ou moins d'affaires, plus ou moins de traitements, indépendamment de sa remise, il aurait droit aux bénéfices annuels, comme les autres employés. Il résultera de cette combinaison un contrôle intéressé et mutuel entre tous, qui préviendra les abus en même-temps qu'une grande stimulation à bien faire. Quant aux fonds de la Société, ils seront entre les mains d'un banquier choisi par elle et avec lequel existeront les rapports ordinaires de banque, ce qui dispensera d'un caissier ; les fonds ne pourront sortir de ses mains, ainsi qu'on le verra par les statuts, que pour des objets utiles à la Société.

Avant de les revêtir de la forme notariale, j'ai communiqué les statuts qui suivent à M. Loubier, président du Tribunal de Commerce, qui s'intéresse beaucoup au succès de l'entreprise et y prendra part, il y a donné son entière approbation. Je ne pouvais trouver un meilleur juge. J'engage le lecteur à lire attentivement ces statuts ; il reconnaîtra, je l'espère, qu'il n'est pas une disposition qui ne soit conçue dans l'intérêt des futurs actionnaires. On pourra s'adresser pour avoir ces statuts et pour soumissionner des actions, à la maison de Commerce de MM. Boulouvard aîné et Loubier, et à M. Bédel, notaire, à Arles.

Dans le rapport circonstancié que je ferai aux termes des statuts et que je publierai, je donnerai les noms des actionnaires, et je rendrai compte du concours de toute personne à la réalisation d'une entreprise qui ne sera pas moins honorable qu'utile au pays. Qu'il voie dans ce que j'ai fait et ferai l'acquit de mon droit de cité, car Arles est devenu ma patrie, et je m'en trouverai suffisamment récompensé.

E. Godefroy.

Statuts de la Société.

L'an 1841 et le 13 février, par-devant Me Bédel et son collégue, notaires à Arles, (Bouches-du-Rhône), soussignés,

Est comparu,

M. Étienne Noël Godefroy, directeur en Camargues des opérations de la Compagnie-générale de desséchement, demeurant à Arles, rue Royale, n° 7.

Lequel, voulant, dans l'intérêt de l'agriculture et de la population d'Arles, ainsi que du commerce entre cette ville et celles ci-après nommées, fonder la Société dont il va être question, en a fait rédiger les statuts de la manière suivante :

CHAPITRE PREMIER.

OBJET, FORME, DURÉE, SIÈGE ET MISE EN ACTIVITÉ DE LA SOCIÉTÉ.

ARTICLE 1er. Il s'agit d'établir des communications fréquentes, faciles et régulières, au moyen de la navigation à la vapeur, d'abord entre les villes d'Arles, St.-Gilles, Beaucaire et Tarascon ; en second lieu, entre Arles et tous les points de quelque importance de son territoire ou des territoires adjacents, sur les deux branches du Rhône, depuis Beaucaire et Tarascon jusqu'à la Basse-Camargues. En troisième lieu, entre le canal du Midi et celui de Bouc ; enfin, entre Arles et le chemin de fer du Gard.

Le service en amont, sur le Grand-Rhône, pourra être prolongé, si l'utilité en est reconnue jusqu'à Avignon ; mais seulement lorsqu'il existera deux bateaux à vapeur appartenant à la Compagnie.

Il y aura, à cet effet, Société commerciale et en commandite entre les bailleurs de fonds qui deviendront propriétaires des deux séries d'actions ci-après, d'une part, et d'autre part le gérant responsable qu'ils nommeront sous la dénomination de COMPAGNIE DES DEUX RHÔNES.

ART. 2. La raison sociale sera le nom du gérant, auquel il sera ajouté : ET COMPAGNIE.

ART. 3. La durée de la société sera de *cinquante années* à partir de sa mise en activité.

ART. 4. La Société sera administrée par un gérant et un agent-comptable, surveillés par une commission instituée à cet effet.

ART. 5. Le siége de la Société est fixé à Arles.

ART. 6. La Société sera définitivement constituée et mise en activité après la souscription de toutes les actions de la première série dont il va être parlé, et dès le lendemain de l'assemblée générale qui en aura nommé le gérant.

CHAPITRE II.

CAPITAL DE LA SOCIÉTÉ, SON EMPLOI, SA DIVISION, TRANSFERT DES ACTIONS.

ART. 7. Le capital social est fixé à CENT CINQUANTE MILLE FRANCS, et formera deux parties égales dont la propriété sera représentée par deux séries d'actions portant chacune un ordre de numéro.

ART. 8. La première série des actions sera seule émise tant que la construction d'un second bateau à vapeur ne sera pas proposée par le gérant et reconnue nécessaire par la commission de surveillance.

ART. 9. Le montant des actions de cette première série sera exigible immédiatement après la mise en activité de la

Société et employé jusqu'à due concurrence à l'établissement du service de navigation fluviale dont il s'agit.

Quant au montant des actions de l'autre série, il ne sera exigible qu'à l'époque assignée par la délibération de la commission de surveillance qui aura décidé l'émission de ces actions.

Art. 10. Chaque partie du capital sera versée entre les mains du banquier de la Société, agréé par la commission de surveillance, d'où elle ne sortira, savoir : pour les dépenses d'établissement et celles extraordinaires que sur les marchés, mémoires ou autres pièces des parties prenantes, ordonnancées par le gérant, et pour les dépenses journalières, lorsqu'elles ne seront pas couvertes par les recettes, sur les mandats motivés de l'agent-comptable agréé par la commission de surveillance.

Art. 11. Chaque partie du capital social sera divisée en trois cents actions de 250 fr. chacune, qui seront extraites d'un livre à souche. Chacune portera la signature du gérant et celle du banquier de la Société, plus un numéro d'ordre et le cachet de la Société.

Art. 12. Les actions de la seconde série qui seront souscrites par les actionnaires de la première seront délivrées pour leur prix nominal, et celles prises par des étrangers, au prix fixé par la commission de surveillance.

Art. 13. Les héritiers ou ayant-causes d'un actionnaire, ne pourront sous aucun prétexte faire apposer des scellés, former des oppositions ni exiger aucun inventaire quand même il y aurait parmi eux des mineurs ou autres incapables.

Ils devront s'en rapporter aux bilans annuels et se contenter des dividendes tels qu'ils auront été fixés par l'assemblée générale.

Art. 14. Tout transfert d'action sera constaté par une délibération inscrite sur le registre à ce destiné et signée tan du cédant, qui rapportera tout de suite le titre de l'actio transférée, que du gérant qui aura le droit d'exiger que l cédant fasse certifier son identité.

Par suite de ce transfert le gérant délivrera un nouveau titre de l'action, lequel conservera le numéro d'ordre de celu qu'il remplacera.

L'ancien titre sera biffé à l'instant et il en sera fait mention sur la souche du transfert.

CHAPITRE III.

BÉNÉFICES OU PERTES DE LA SOCIÉTÉ.

Art. 15. Chaque année il sera dressé un résumé des état mensuels de recettes ou dépenses qui seront balancées. S'i y a bénéfice, après le prélèvement du traitement ou salair de tous les employés et ouvriers; après l'acquit du prix d l'entretien et du service à forfait des bateaux, des machine et accessoires, il sera pris d'abord le dixième de ce bénéfic net pour en former un fonds de réserve; ensuite il sera pris titre d'intérêt jusqu'à concurrence de cinq pour cent du montant des actions réalisées, de ce même bénéfice pour être dis tribué aux actionnaires. Quant au surplus, il appartiendra

Pour un tiers aux mêmes actionnaires;

Pour un tiers au gérant à titre d'appointement;

Et pour un tiers à toutes les personnes employées par l Société, au moment de la distribution du dividende, mêm aux conducteurs et chauffeurs des machines à feu, dans l proportion de traitements, gages et salaires reçus pendan l'année, à titre d'encouragement.

S'il y a perte elle sera supportée par le capital social.

CHAPITRE IV.

FONDS DE RÉSERVE.

Art. 16. Le fonds de réserve, formé du dixième dont il vient d'être parlé, sera employé soit en achat de valeurs sur le gouvernement ou garanties par lui, soit de toute autre manière prescrite par l'assemblée générale.

Art. 17. Du moment qu'il excédera une somme égale au quart du capital réalisé, tout excédant sera distribué aux actionnaires à moins que l'assemblée générale n'en dispose autrement.

Art. 18. Le fonds de réserve est destiné à suppléer l'insuffisance des recettes pour l'exploitation de l'entreprise.

Il n'en pourra être distrait aucune portion sans une délibération expresse et émanée de la commission de surveillance.

CHAPITRE V.

GÉRANCE. — SES ATTRIBUTIONS. — SES OBLIGATIONS. — SES DROITS.

Art. 19. Le gérant de la Société a seul la signature sociale; mais il lui est expréssement interdit de souscrire ou endosser aucun effet de commerce ou de prendre tout autre engagement pécuniaire, si ce n'est pour l'exploitation du service de navigation dont il s'agit, à peine de nullité.

Art. 20. Le gérant administrera seul les intérêts de la Société.

Art. 21. Il fera construire les bateaux, machines à feu et accessoires en traitant à forfait avec les constructeurs qui demeureront garants de leur travail et de leur fourniture pendant une année et qui laisseront à l'appui de cette garantie, un sixième des prix convenus entre les mains du banquier de la Société lequel en paiera intérêt à 4 p. %.

Art. 22. Le gérant pourra également passer un marché à

forfait pour 9 années consécutives de l'entretien et du service des bateaux, machines et accessoires, moyennant un prix annuel dont le huitième sur la première année restera comme garantie entre les mains du banquier de la Société qui en paiera intérêt à 4 p. °/₀ tout le temps que durera le traité.

Art. 23. Mais les conventions relatives à la construction, à l'entretien et au service dont il s'agit, ne seront définitives et exécutoires qu'avec l'assentiment de la majorité d'une commission spéciale de trois membres nommés par l'assemblée générale.

Art. 24. Le gérant renouvellera seul, aux meilleurs prix et conditions, avec des entrepreneurs habiles, les traités d'entretien et de service mentionnés ci-dessus.

Art. 25. Le gérant déterminera et modifiera règlementairement, selon qu'il en reconnaitra la nécessité, ou l'utilité la marche des bateaux, les heures de départ et d'arrivée, les lieux et temps de stations, le prix des abonnements des passages de personnes, des nolis et des remorques ; mais les réglemens modificateurs ne seront exécutoires qu'après avoir été visés par la commission de surveillance.

Art. 26. Il établira où il le jugera convenable des pontons-embarcadères et des magasins-cabanes.

Art. 27. Il fera toutes locations de bâtimens ou de logemens dont la Société aura besoin.

Art. 28. Il règlera le nombre, les fonctions, traitemens, gages et salaires de toutes les personnes nécessaires à l'exploitation.

Art. 29. Il fera, dans l'intérêt de la Société, et pour atteindre le mieux possible son but, tout ce que l'expérience et les circonstances lui suggéreront sans s'écarter des présent statuts.

Art. 30. Il souscrira tout abonnement avec la régie des contributions indirectes pour l'impôt dont le bateau sera tenu.

Art. 31. Il recevra mensuellement le compte de l'agent-comptable ; il veillera à ce que celui-ci verse chaque semaine ou chaque jour chez le banquier de la Société le produit des bateaux accompagné d'un bordereau certifié véritable des recettes et dépenses de la semaine ou du jour.

Art. 32. Il nommera, sauf l'agrément de la commission de surveillance, et pourra révoquer l'agent-comptable et les patrons ou capitaines des bateaux.

Art. 33. Il présentera à l'agrément de la même commission le banquier de la Société qui ne sera révocable que par l'assemblée générale.

Art. 34. Il fixera le montant du cautionnement en actions de la Société ou en argent, consigné entre les mains de son banquier qui en paiera quatre pour cent d'intérêt, tant de l'agent-comptable que de chaque capitaine.

Art. 35. Pour la garantie de la gestion, le gérant devra être propriétaire de huit actions à titre de cautionnement.

Ces actions seront incessibles et insaisissables. Il sera fait mention sur les titres qu'elles sont affectées par privilège à la garantie de la gestion et elles resteront en dépôt entre les mains du banquier de la Société.

Ces actions donneront au gérant les mêmes droits qu'aux autres actionnaires, sauf le droit de voter sur l'approbation de ses comptes et sur la nomination des membres de la commission de surveillance, qui lui est formellement interdit.

Art. 36. Le gérant n'aura d'autre traitement que sa part éventuelle de bénéfice ; seulement il recevra cinquante francs par mois pour le couvrir de ses faux frais et lui tenir lieu d'indemnité de logement. Il ne tirera personnellement et sur sa seule signature aucune autre somme de la caisse sociale.

Art. 37. Il aura la faculté de s'adjoindre, à ses frais, un sous-gérant ou un mandataire agréé par la commission de surveillance ; mais il sera seul responsable des actes de ce sous-gérant ou mandataire, qui ne pourra être ni le banquier, ni l'agent-comptable, ni l'un des capitaines.

CHAPITRE VI.

DÉCÈS. — RETRAITE DU GÉRANT.

Art. 38. En cas de décès, démission ou tous autres empêchemens forcés du gérant, la Société n'en continuera pas moins de subsister. La commission de surveillance devra, dans les vingt-quatre heures, nommer un gérant provisoire et convoquer une assemblée générale dans les quatre mois qui suivront le décès, la démission ou la destitution.

Si le gérant présenté par la commission de surveillance n'était pas agréé, une nouvelle assemblée générale devrait être convoquée dans le mois pour en choisir un autre.

CHAPITRE VII.

ASSEMBLÉE GÉNÉRALE. — SA FORMATION. — SON MODE DE DÉLIBÉRATION.

Art. 39. L'assemblée générale aura lieu sur convocation individuelle et à domicile aussitôt la constitution définitive de la Société, et ensuite à pareil jour, d'année en année. En cas de jours férié, elle sera remise au lendemain ; mais en tous cas, des convocations à domicile auront lieu un mois à l'avance.

Art. 40. L'assemblée générale se tiendra au siége de la Société.

Art. 41. Elle sera composée de tous ses actionnaires qui seront porteurs de quatre actions au moins ou de leurs mandataires.

Art. 42. La première assemblée générale sera présidée par le propriétaire du plus grand nombre d'actions et sur son refus par le plus fort actionnaire après lui. A nombre égal le plus âgé aura la préférence.

Art. 43. Les assemblées générales postérieures seront présidées de droit par le président de la commission de surveillance.

Le secrétaire sera nommé par le président.

Art. 44. Les délibérations seront prises à la majorité des membres présents. Chaque actionnaire aura droit à une voix par quatre actions, sans pouvoir cumuler plus de cinq voix.

Art. 45. L'assemblée générale pourra délibérer quel que soit le nombre des membres présents, si ce n'est dans le cas de modification des présents statuts. De plus, pour ce cas, la délibération ne sera prise qu'à la majorité des quatre cinquièmes des personnes ayant droit de faire partie de l'assemblée générale.

Art. 46. Il sera tenu un registre des délibérations des assemblées générales. Le procés-verbal constatera les noms des actionnaires et le nombre d'action dont chacun sera porteur, et sera signé par le président et le secrétaire.

Art. 47. L'assemblée générale pourra être convoquée extraordinairement, soit par le gérant soit par la commission de surveillance, toutes les fois qu'il sera jugé convenable, en indiquant succinctement l'objet de la convocation.

Attributions. — droits de l'assemblée générale.

Art. 48. L'assemblée générale aura pour objet, outre ce

qui est mis dans ses attributions par d'autres dispositions des présents statuts : 1° la nomination des membres de la commission de surveillance; 2° d'entendre le rapport de cette commission et celui du gérant ; 3° d'arrêter les comptes, fixer la quotité du dividende à répartir à l'époque de la répartition; 4° et de prononcer souverainement sur tous les cas de toute nature qui pourront lui être soumis.

CHAPITRE VIII.

COMMISSION DE SURVEILLANCE. — SA COMPOSITION. — SES ATTRIBUTIONS.

Art. 49. Il sera formé un conseil chargé, outre ce qui est mis dans ses attributions par d'autres dispositions des présents statuts, de surveiller les intérêts des actionnaires. Ce conseil sera composé de trois membres et d'un membre suppléant qui seront nommés par l'assemblée générale annuelle des actionnaires ; leurs fonctions dureront une année ; mais ils pourront être réélus. Ils auront le droit de faire rendre compte au gérant des opérations de la Société et de se faire représenter, sans déplacement, tous les registres, pièces et documens qu'ils croiront utiles de vérifier.

Ils feront leur rapport à l'assemblée générale annuelle, mais sans pouvoir en aucune manière s'immiscer dans la gestion.

Art. 50. Si un ou plusieurs de ceux qui composeront ce conseil n'habitaient pas Arles, ils auraient la faculté de se faire représenter par un fondé de pouvoirs *ad hoc*.

Art. 51. La commission devra se réunir une fois par mois au siége de la Société. Ses délibérations seront consignées sur un registre spécial.

CHAPIRE IX.

DISSOLUTION.

ART. 52. En cas de dissolution, l'assemblée générale nommera un commissionnaire liquidateur et lui conférera tous les pouvoirs qu'elle jugera nécessaires.

CHAPITRE X.

ARBITRAGE.

ART. 53 *et dernier*. Toutes les difficultés et contestations qui pourront s'élever relativement à l'exécution des présents statuts, seront décidés par trois arbitres nommés, le premier par l'une des parties ; le second, par l'autre et le troisième par les deux premiers.

En cas de discord entre les deux arbitres sur le choix du troisième, celui-ci sera nommé par le président du tribunal de commerce d'Arles, à la réquisition de la partie la plus diligente.

Les trois arbitres ainsi nommés prononceront à la majorité des voix comme amiables compositeurs, sans forme, ni délai de procédure, et leur décision sera sans appel, ni susceptible de requête civile ou recours en cassation.

DISPOSITIONS TRANSITOIRES.

ART. Ier. M. Godefroy, fondateur de la Société en sera provisoirement le gérant. Il fera, pour préparer l'établissement dont il s'agit, tout ce qu'il jugera convenable. Il recevra les adhésions aux présents statuts et les soumissions d'actions qui en seront la conséquence. Il s'occupera du placement des actions de la première série par toutes publications et démarches dont il sera indemnisé par la Société si elle est constituée définitivement ; dans le cas contraire, il n'aura rien à réclamer à qui que ce soit. Il convoquera la première assemblée, lui remettra tout ce qu'il aura fait préparatoirement, en lui en fesant un rapport circonstancié.

Art. 2. Toute souscription ou soumission d'action sera nulle et demeurera comme non avenue si la Société n'est pas définitivement constituée.

Dont acte,

Fait et passé à Arles, en l'étude de Me Bédel;

Et après lecture faite, M. Godefroy a signé avec les notaires.

La minute des présentes restée audit Me Bédel, ensuite de laquelle est écrit : enregistré à Arles, le dix-sept février 1841, folio 43. Verso case 5. Reçu un franc, décime dix centimes.

Signé, Arnaud.

Pour expédition :

Signé, Bédel.

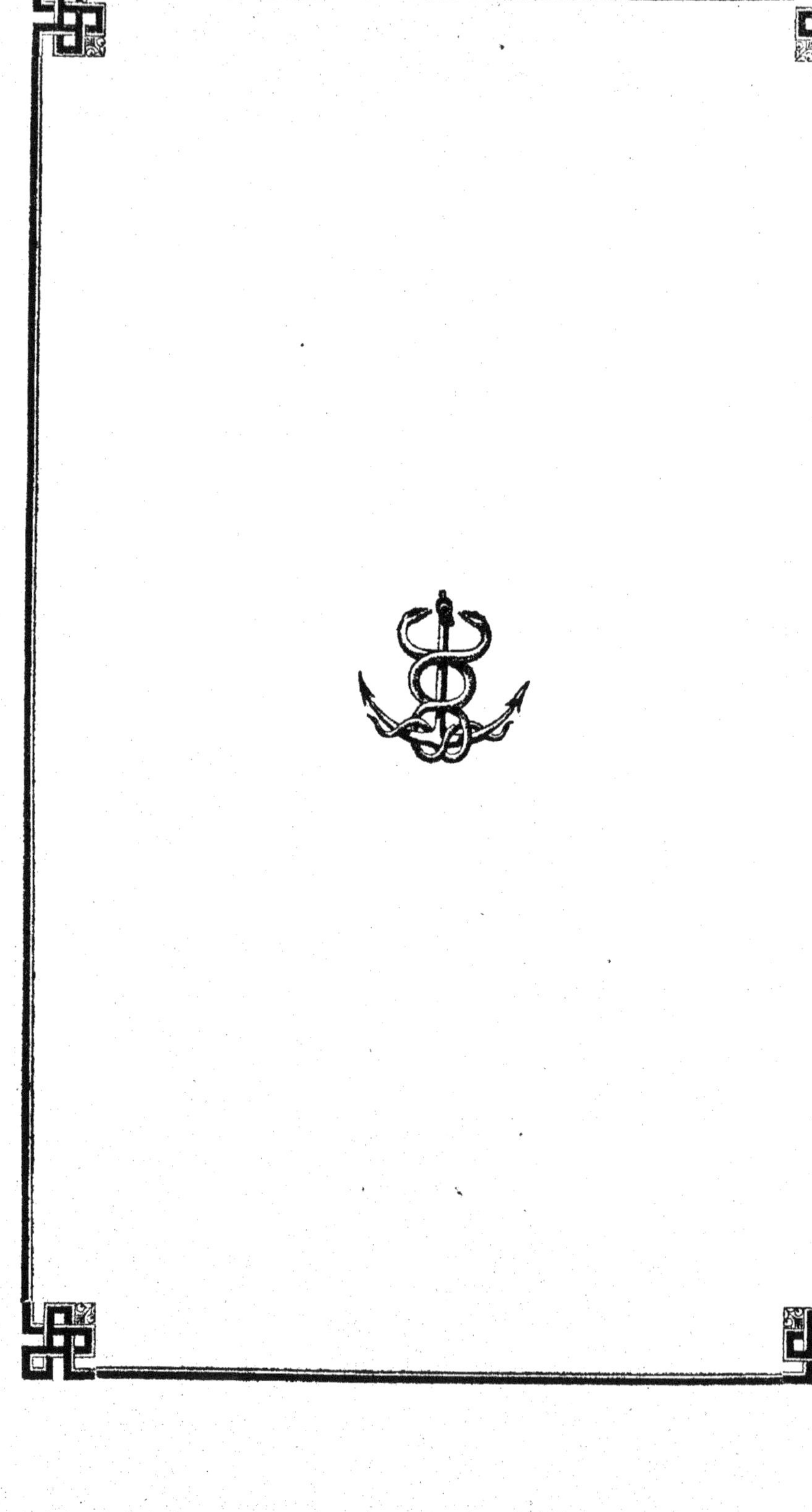

www.ingramcontent.com/pod-product-compliance
Ingram Content Group UK Ltd.
Pitfield, Milton Keynes, MK11 3LW, UK
UKHW020215200726
13856UKWH00004B/1398

9 782013 40217